UNE SÉRIE DE CRANES D'ASSASSINS

PAR

M. ORCHANSKI

Tous ceux qui se sont occupés de l'étude des crânes des assassins, ont presque exclusivement porté leur attention sur la calotte crânienne. Quant à la face, la base du crâne et le rapport du crâne à la face, leur étude est ordinairement négligée. C'est pour cette cause, qu'en entreprenant mes recherches sur les crânes des assassins, je me suis attaché plutôt à cette partie négligée de cette étude. J'avais à ma disposition vingt-quatre crânes d'assassins provenant du musée d'Orfila. Cette série a été déjà l'objet d'études faites par MM. Ten-Kate et Pavlowsky, qui, du reste, n'ont pris qu'un petit nombre des mesures. Dans l'exposé suivant, je donnerai avant tout les mesures qui n'ont pas été encore prises par ces deux auteurs.

Mes mesures peuvent être divisées en trois groupes, selon qu'elles se rapportent :

a. Au crâne proprement dit ;

b. Au rapport du crâne à la face ;

c. A la face.

Dans le premier groupe, je me bornerai à donner seulement des mesures les plus importantes, supplémentaires à celles de MM. Ten-Kate et Pavlowsky.

I

1° CRANE.

Indice vertical moyen.	75.3
minimum.	68.88
maximum.	82.93
parisien, homme.	72
nègre.	73

```
Courbe transversale susauriculaire moyenne. . . .   304 3
                              minimum. . . .   270
                              maximum.  . .   355
                              parisien, hom. .  312.38
Métopisme ou différence entre D. et diamètre an-
téro-postérieur métopique moyen. . . . . . . . .  + 3
                              minimum. . . . . . .  — 4
                              maximum. . . . . . . +14
                              parisien, homme. . . + 1.12
```

Ces tableaux confirment l'opinion de M. Bordier, d'après laquelle les crânes des assassins sont plus hauts que d'ordinaire et la partie antérieure du crâne est diminuée.

Outre cela, le métopisme montre une inclinaison plus grande du front en arrière.

En vue que le rapport réciproque de la partie frontale et occipitale du crâne joue un rôle dominant dans cette question, j'ai pris des mesures spéciales en ce sens.

Front.

```
Hauteur des bosses frontales au-dessus de la gla-
belle (projection verticale) moyenne. . . . . . .   31.5
                              minimum. . . . . .   24
                              maximum. . . . . .   42
                              auvergnats. . . . . .   56.4
                              mongols. . . . . . .   30.6
Distance des bosses frontales horizontales (projec-
tion horizontale) moyenne. . . . . . . . . .   14.5
                              minimum. . . . . . . .    8
                              maximum. . . . . . . .   23
                              auvergnats. . . . . . . .   14.2
                              mongols. . . . . . . . .   13
Angle d'inclinaison du front moyen. . . . . . . .   61.3
                              minimum. . . . . .   46.51
                              maximum. . . . . .   75.16
                              auvergnats. . . . . .   75.07
                              mongols. . . . . . .   66.83
```

Le tableau suivant nous montre que, chez les assassins, le front est plus bas et plus incliné en arrière.

Os occipital.

```
Longueur du trou occipital moyen. . . . . . . .   35 6
                              minimum. . . . . . .   32
                              maximum. . . . . . .   44
                              parisiens. . . . . . .   35.10
```

```
Largeur du trou occipital moyen..  . . . . . . .   30.4
                        minimum. . . . . . . .    26
                        maximum. . . . . . . .    33
                        parisiens. . . . . . . .   29.99
Indice occipital moyen. . . . . . . . . . . . . .   85.4
                        minimum. . . . . . . . . .  65.20
                        maximum. . . . . . . . . .  94.12
                        parisiens. . . . . . . . . . 84.90
Angle occipital de Broca moyen.. . . . . . . . .    13.2
                        minimum. . . . . . . . .    19.2
                        maximum. . . . . . . . .    25
                        parisiens. . . . . . . .    12.45
                        nubiens. . . . . . . . .    20.12
Angle basilaire de Broca moyen. . . . . . . . .    25.9
                        minimum . . . . . . . .    20
                        maximum. . . . . . . .     32
                        parisiens.. . . . . . . . .  17.12
                        nègres. . . . . . . . .     25.97
```

Ce tableau montre que le plan du trou occipital, chez
les assassins, regarde plus en arrière, se rapprochant de
types de races inférieures, et en même temps nous présente
un axe cérébrospinal moins courbé.

Base du crâne.

```
Indice basilaire (ou rapport de la projection anté-
rieure du crâne à la projection totale du crâne)
                        moyen. . . . . . . . . .   49.7
                        minimum.. . . . . . . .    45.63
                        maximum. . . . . . . .     53.4
                        parisien. . . . . . . . .   49.75
Ligne N B moyenne. . . . . . . . . . . . . , . .   99.8
                        minimum.. . . . . . . . . . 83
                        maximum. . . . . . . . . . 105
                        parisieus. . . . . . . . . . 99.66
                        birmans. . . . . . . . . . . 96
                        nègres . . . . . . . . . . 106-107
Ligne B. Epine palat. post. moyenne. . . . . . .   41.7
                        minimum.. . . . . . . .     36
                        maximum.. . . . . . .       47
                        parisiens.. . . . . . .     43.10
```

Quant à la base du crâne, le dernier tableau montre la
diminution de la ligne basilaire B. E.

2° RAPPORT DU CRANE A LA FACE.

```
La projection totale. . . . . . . . . . . . . . .      1000
Projection de la face minimum. . . . . . . . . .        86
                    moyenne. . . . . . . . . .        143.3
                    maximum. . . . . . . .   . . .    206.3
                    européens. . . . . . . . . .       64.8
                    nègres. . . . . . . . . . .       137.5
Projection du crâne antér. minimum. . . . . . .       284.2
                    moyenne. . . . . . .             355.1
                    maximum. . . . . . .              427
                    européens. . . . . . .  . .      409.9
                    nègres. . . . . . . .            361
Projection du crâne postér. minimum. . . . . .       464.8
                    moyenne. . . . . . .             502.5
                    maximum. . . . . . .             543.7
                    européens . . . . . . .          525.2
                    nègres. . . . . . . .            501.3
```

Ce tableau nous montre que : 1° la face d'assassin occupe
une plus grande étendue de la longueur totale de la tête ;
2° que le crâne antérieur d'assassin est moins développé que
son crâne postérieur ; 3° que son trou occipital est situé plus
en arrière par rapport à la projection totale de la tête, mais
plus en avant par rapport à la projection du crâne seul.

```
Prognathisme total moyen. . . . . . . . . . . .        77.21
Ophryon alvéolaire minimum. . . . . . . . . . . .      70.21
                    maximum. : . . . . . . . . . .      84
                    parisiens. . . . . . . . . .        79
Angle de Cloquet moyen. . . . . . . . . . . .          69.3
Ophryon alvéolaire minimum. . . . . . . . . . .        62
                    maximum. . . . . . . . . . .        74
                    homme blanc. . . . . . . . .        72
```

En coïncidence avec cela, nous voyons, dans ces tableaux,
que le prognathisme et l'angle facial, chez les assassins,
s'éloignent un peu du type normal.

3° FACE.

```
Longueur moyenne. . . . . . . . . . . . . . . .        89
            minimum. . . . . . . . . . . . . . . .     70
            maximum. . . . . . . . . . . . . . .      105
            parisiens. . . . . . . . . . . . . . .     87.75
```

Largeur   moyenne. 133.6
          minimum.   120
          maximum.   147
          parisiens. 132.26
Indice moyen. 65.3
       minimum. 51.03
       maximum. 80.77
       parisiens. 65.97

Nez.

Longueur moyenne. 50.8
         minimum.   42
         maximum.   56
         parisiens. 51.36
Largeur   moyenn. 23.1
          minimum.   18
          maximum.   26
          parisiens. 24.7
Indice moyen. . , ...   45.6
       minimum.   36
       maximum. 53.06
       parisiens. 46.85

Ces tableaux ne montrent pas, dans les régions de la face
et du nez, de déviations.

Orbites.

Longueur moyenne.   39
         minimum.   36
         maximum.   42
         parisiens. 40.77
Largeur   moyenne.   34
          minimum. . . . . -   30
          maximum.   36
          parisiens. 33.71
Indice moyen. 88.4
       minimum. 78.95
       maximum. 97.22
       parisiens. 83.71
       indo-chinois.   90

Ce tableau nous montre que l'indice orbitaire est plus grand ;
c'est ce qui le rapproche du type des races inférieures.

Voûte palatine.

Longueur moyenne. 51.3
         minimum.   45
         maximum.   58
         parisiens. 49.46

```
Largeur   moyenne. . . . . . . . . . . . . . . . . .   42 ?
          minimum. . . . . . . . . . . . . . . . . .   34
          maximum. . . . . . . . . . . . . . . . . .   48
          parisiens. . . . . . . . . . . . . . . . .   36.96
Indice moyen. . . . . . . . . . . . . . . . . . . . .   81.5 ?
       minimum. . . . . . . . . . . . . . . . . . . .   60.7
       maximum. . . . . . . . . . . . . . . . . . . .   95.7
       parisiens. . . . . . . . . . . . . . . . . . .   74.74
```

Quant à la largeur palatine, disproportionnelle à la longueur, je l'attribue aux mesures prises pas tout à fait exactes, parce que, dans la plupart des crânes de notre série, les dents faisaient défaut. C'est pour cela que j'ai reçu l'indice palatin élevé.

Maxillaire inférieur.

```
Largeur bigoniaque moyenne. . . . . . . . . . . .   99.4
                   minimum . . . . . . . . . . .   92
                   maximum. . . . . . . . . . .   114
                   races caucasiennes. . . . . .   95
                   mongoles. . . . . . . . . . .   98
Largeur bimenton.  moyenne. . . . . . . . . . .   46.1
                   minimum. . . . . . . . . . .   42
                   maximum. . . . . . . . . . .   54
                   races caucasiennes. . . . . .   45
                   nègres. . . . . . . . . . . .   46
Hauteur symphys.   moyenne. . . . . . . . . . . .   32.9
                   minimum. . . . . . . . . . . .   25
                   maximum. . . . . . . . . . .   44
                   races caucasiennes. . . . . .   31
                   néocalédoniens. . . . . . . .   33
Hauteur molaire moyenne. . . . . . . . . . . . .   27.2
                minimum. . . . . . . . . . . . .   21
                maximum. . . . . . . . . . . . .   34
                races caucasiennes. . . . . . . .   26
                nouveau-monde. . . . . . . . . .   27.2
```

Branche.

```
Longueur moyenne. . . . . . . . . . . . . . . . .   66.4
         minimum. . . . . . . . . . . . . . . . .   54
         maximum. . . . . . . . . . . . . . . . .   77
         races caucasiennes. . . . . . . . . . .   57
         nègres calédoniens. . . . . . . . . . .   63
Largeur moyenne. . . . . . . . . . . . . . . . .   33
        minimum. . . . . . . . . . . . . . . . .   26
        maximum. . . . . . . . . . . . . . . . .   41
        races caucasiennes. . . . . . . . . . .   30
        nouveau-monde. . . . . . . . . . . . . .   34
```

<pre>
Indice moyen.   50
        minimum   48
        maximum. 53.2
        races caucasiennes. 53.45
Angle mandibulaire moyen. 117.6
                   minimum..   100
                   maximum.   132
                   races caucasiennes.   123
                   nouveau-monde..   118
Corde gonio-symph. moyenne. 86.4
                   minimum.   60
                   maximum.   98
                   races caucasiennes.   82
                   nègres.   86
</pre>

Ce tableau nous montre que toutes les dimensions linéaires
de la maxillaire inférieure, chez les assassins, sont plus
grandes, se rapprochant du type de races inférieures. Cela
coïncide avec l'observation de M. Manouvrier, d'après la
quelle le poids du maxillaire supérieur est relativement
plus grand chez les assassins. L'angle mandibulaire est
plus petit que chez la race caucasienne ; c'est ce qui rapproche la maxillaire inférieure du type de races inférieures.

D'après nos recherches, nous pouvons tirer les conclusions
suivantes :

1° Dans les crânes de nos assassins la partie antérieure du
crâne est diminuée, la partie postérieure relativement agran-
die, tout le crâne relevé au milieu ;

2° La partie faciale du crâne est relativement plus grande,
ce qui s'exprime par la projection et le prognathisme ;

3° Le trou occipital est situé plus en arrière, son plan
regarde plus en bas et en arrière, et l'axe cérébrospinal est,
par conséquent, moins courbé.

4° Les orbites sont plus larges et le maxillaire inférieur
nous montre, dans les dimensions linéaires et l'angle, une
déviation de la normale.

II

Le tableau suivant nous donne les mesures prises sur notre collection par M. Ten-Kate, par comparaison avec les nôtres et avec les mesures correspondantes prises par M. Bordier sur une autre collection :

	Orchansky.	Ten-Kate.	Bordier.	Parisien.
Diamètre ant.-post. maximum...	178.5	178.8	«	182.69
— transv. maximum......	143.1	144.2	»	145.22
— vertical maximum.....	134.8	»	»	132.45
— frontal maximum......	95.7	97.7	101.0	100.0
— frontal minimum......	112.2	113.2	119.0	121.0
Courbe sous-cérébrale..........	22.8	22.3	26.3	18.4
— frontale cérébrale.......	100.2	104.8	99.8	108.6
— sagittale...............	123.3	124.0	124.5	124.4
— cérebelleuse...........	118.4	115.6	117.2	119.4
— horizontale antérieure...	231.6	231.9	»	251.21
— horizontale postérieure..	278.0	277.4	»	274.33
— horiz. ant.; c. horiz., tat.	45.4	47.7	44.75	48.0
Diamètre occipital maximum.....	113.8	113.8	»	112.48
Indice céphalique	85.55	83.9	78.2	79.49
— vertical	75.3	»	73.94	72.25
— frontal	71.2	67.5	70.8	68.86
— stéphanique...........	86.0	79.9	83.3	82.36

Ainsi, ce tableau nous montre que, en général, les mesures prises par moi, Ten-Kate et Bordier, coïncident à peu près.

Enfin les derniers tableaux donnent une vue générale sur toutes les mesures de notre collection.

NUMÉRO du CRANE.	Longueur de la face.	Largeur bizygomatique.	Longueur du nez.	Largeur du nez.	Longueur de palatine.	Largeur de palatine.	Longueur orbitale horizontale.	Largeur orbitale verticale.	Diamètre bigonial maxil. infér.	Diamètre bimentonn. maxil. infér.	Hauteur symphysienne.	Hauteur molaire.	Hauteur de la branche.	Largeur de la branche.
37. Ficschi	82	132	49	26	45	37	40	32	101	46	25	22	63	33
78. Rhege	98	134	51	26	47	37	38	36	100	50	32	32	75	37
70. Plessis	84	134	49	26	53	43	38	30	100	50	36	28	60	32
82. Ulbak	87	120	50	18	45	35	36.5	33	95	44	36	23	69	26
21. Benoit	96	138	54	21	50	43	38	35	100	48	35	28	70	36
76. Renoilt	96	138	50	21	55	42	40	34	100	48	30	32	68	36
16. Aymé	84	138	55	22	52	45	36	35	95	47	31	26	64	35
18. Beanchène	85	122	52	24	55	44	38	32	92	44	29	22	66	28
65. Achard	98	147	55	25	56	46	38	35	114	48	38	25	65	35
24. Brochetti	92	130	56	26	56	41	41	36	109	54	44	34	68	31
30. Delaporte	82	131	47	24	50	38	38	32	95	45	32	27	65	35
63. Martin	83	130	49	22	52	44	37	31	92	42	30	27	71	32
79. Rudé aux pontes	88	130	54	22	52	44	41	35	98	44	30	21	60	28
42. Guichet	88	138	48	23	47	45	39	33	100	40	27	27	58	31
44. Lescure	105	130	55	24	53	47	38	35	103	48	41	32	73	31
35. Feldmann	96	130	53	23	56	34	39	34	102	43	33	31	77	53
48. Lacenaire	93	129	55	23	48	42	37	33	105	48	32	28	65	31
74. Ratu	94	132	56	22	52	41	42	34	95	46	27	26	66	31
22. Bontiller	90	133	50	24	52	45	37	35	94	46	34	26	54	35
52. Lecouff	81	129	46	22	50	37	39	34	94	43	37	31	76	36
56. Lenormand	88	131	43	21	48	45	38	34	98	46	31	30	67	35
50. Veuve Lecouff	»	»	42	22	»	»	41	34	»	»	»	»	»	»
61. Melagutti	87	134	52	24	58	48	41	36	103	51	34	30	77	41
55. Lemoine	70	137	54	24	49	44	42	35	101	46	33	28	73	32
Moyenne	89	133.6	50.8	23.1	51.3	42	39	34	99.4	46.1	32.9	27.2	66.4	33

NUMÉRO du CRANE.	Corde gonio-sym-physienne.	Angle mandibu-laire.	Indice céphalique.	Indice vertical.	Indice facial.	Indice frontal minimum.	Indice stéphanique.	Indice orbitaire.	Indice nasal.	Indice palatin.	Indice. Trou occipital.
37	66	113	73	72.5	62.1	69.6	81.35	80	53	80	85
78	82	106.5	81	82.68	73.13	66.20	81.35	94.73	50 98	79.72	83.78
70	84	128	79.1	75.84	62 28	70.14	84.16	78.95	53.06	81.12	90.91
82	77	125	80.48	82.93	72.30	64.39	80.18	91.67	36	77.77	93.75
21	98	108	83.80	80	69.56	68.91	85.83	92.10	38.89	86	85.29
76	90	120	79.46	74	69 56	68.70	79.52	85	42	76.36	76.31
16	90	123	83.43	79.43	60.87	65.07	76	97 22	42.30	86.54	88.90
18	86	112	76.53	73.18	63.67	70.80	88 17	84.21	46.15	79.90	82.86
65	96	127	84.94	77 95	66.66	66.45	75	92.10	44.45	81.14	86.48
24	90	120	78.41	78.41	70 77	69.56	92.30	87.80	46.43	73.40	84.60
30	90	110	81.61	75.28	62.59	65.50	80.17	84.20	51 60	76	75
63	90	100	72.80	71.75	63.85	67 15	94.75	83.80	44.90	84.60	81.85
79	86	132	75.85	73	67.70	65.20	83.80	85.35	40.75	84.60	80.55
42	87	125	82.95	81.80	66.15	68.50	96.45	84 60	47.90	95.75	65.90
44	90	129	77.75	73 85	80.75	65.70	97.85	92.10	43.60	88 55	90.91
35	92	112	76 20	73 50	73.85	65 95	89.50	87.20	43 40	60.40	91.43
48	92	120	81.1	68.20	72.1	66.45	82.20	89.20	41 80	87.50	77.15
74	93	110	83.23	74.55	71.20	65.95	96.05	86.95	39.28	78.84	89.19
22	91	128	79 54	72.15	67.65	73.55	90.35	94.60	48	86.54	76 47
52	86	115	81.18	72.58	62.73	66.22	86 20	87.18	47.82	74	91.45
56	90	114	86.80	74.56	67.17	63 33	77.87	89 47	48 83	93.75	85.29
50	»	»	79.15	71.50	»	63.80	82 86	82 92	52 38	»	88.57
61	97	111	78.92	75.13	64 92	69.17	91	87.80	46.15	82.75	84.85
55	86	120	85.55	78.03	51.09	66.90	90	83.33	44 44	89.80	94.10
Moyenne..	86.4	117.6	79.9	75.3	65.3	71.2	86	88.4	45.6	82.9	85.4

NUMÉRO du CRANE.	Diamètre ant.-post. maximum.	Diamètre transverse maximum.	Diamètre vertical maximum.	Diam. vertic. basilo-bregmatique.	Diamètre frontal minimum.	Diamètre frontal maximum.	Diamètre occipital maximum.	Ligne N. B.	Ligne basil. épine palatine.	Courbe frontale sous-cérébrale.	Courbe frontale cérébrale.	Courbe sagittaire.	Courbe occipitale supérieure.	Courbe occipitale cérébelleuse.
37	183	138	138	135	96	118	115	105	47	20	108	135	65	55
78	173	145	148	145	96	118	119	105	43	25	100	120	60	50
70	178	144	135	134	101	120	105	98	42	14	117	118	72	63
82	164	132	136	133	85	106	110	91	40	20	110	115	60	42
21	180	151	144	140	103	120	114	101	40	20	103	107	70	55
76	185	147	137	136	101	127	118	100	36	25	105	120	75	40
16	175	146	133	137	95	125	108	100	40	24	100	138	60	48
18	179	137	131	131	97	110	110	98	37	23	105	136	65	55
65	186	158	145	141	105	140	118	104	38	25	100	130	70	50
24	176	138	138	136	96	104	116	101	45	24	78	113	70	46
30	174	142	131	131	93	316	106	100	42	28	92	120	60	50
63	184	134	132	122	90	95	115	105	46	27	90	110	70	40
73	178	135	130	124	88	105	108	97	43	20	95	135	55	50
42	176	146	144	140	100	104	113	96	43	20	125	110	70	55
44	176	140	132	129	92	94	125	100	46	25	95	125	62	50
35	185	141	136	130	93	104	126	97	40	26	100	140	56	50
48	180	146	124	120	97	118	109	90	40	26	110	124	70	48
74	173	144	129	126	95	101	113	102	40	26	94	122	60	60
22	176	140	127	125	103	114	116	98	41	22	100	122	58	45
52	186	151	135	130	100	116	117	100	45	23	109	120	70	50
56	173	150	129	128	95	122	116	96	41	22	100	120	83	35
50	172	137	123	116	87	105	103	93	42	22	90	120	65	50
61	185	146	139	139	101	111	113	105	44	17	110	133	60	55
55	173	148	135	133	99	110	113	97	40	20	97	120	70	40
Moyenne.	178.5	143	134.8	131.8	95.7	112.9	113.8	99.8	41.7	22.8	100.9	123.3	66	49.25

NUMÉRO du CRANE.	Courbe transversale sous-auricul.	Courbe horizontale antérieure.	Courbe horizontale postérieure.	Courbe horizontale totale.	Projection de la face.	Projection du crâne antérieur.	Projection du crâne postérieur.	Angle facial Cloquet.	Prognatisme total (Angle).	Prognatisme frontal Horiz., vert., angle.	Angle basilaire Broca.	Angle occipital Broca.	Trou occipital, longueur.	Trou occipital, largeur.
37	310	240	287	527	20	85	97	74	82.60	12 / 32 / 62.45	24	18	35	30
78	312	230	285	5 5	35	67	100	66	72.50	19 / 50 / 70	27	20	37	31
70	312	245	285	530	20	80	100	66	74.5	22 / 26 / 49.50	23	15	33	- 30
82	300	200	275	475	39	54	97	63	74	18 / 38 / 64.60	28	21	32	30
21	320	225	300	525	30	65	100	65	75.16	15 / 35 / 66 75	32	22	34	29
76	315	245	295	545	25	75	100	69	77.30	15 / 35 / 66.75	26	18	38	29
16	310	235	280	515	24	70	97	69	82.60	11 / 42 / 75.15	26	18	36	32
18	298	228	275	503	21	75	96	69	81.45	9 / 30 / 73.30	20	13	35	29
65	355	245	305	550	30	72	91	68	78.70	11 / 26 / 65.45	23	19	37	32
24	305	240	270	510	31	75	92	68	72.50	13 / 30 / 66.50	30	21	39	33
30	318	220	285	505	20	74	88	70	84	10 / 42 / 76.50	26	18	36	27

63	280	220	280	500	25	76	95	67	80.60	30 64.85	33	25	38	31
79	285	220	280	500	33	62	102	65	76 30	14 28 63 45	29	15	36	29
42	330	240	270	510	34	60	106	64	72	18 35 62.75	32	24	44	29
44	295	225	285	510	42	60	103	62	70.20	23 40 60.10	29	21	33	30
35	304	245	275	520	34	62	109	68	75.45	14 24 59.70	30	21	35	32
48	300	225	295	520	30	59	106	68	78.15	18 25 52.25	23	18	35	27
74	300	230	270	500	35	66	93	67	75.15	22 36 58 40	21	14	37	33
22	290	245	255	500	29	71	90	68	74	20 30 71.45	23	18	34	26
52	311	245	290	535	24	72	105	71	82.60	8 27 73.30	25	21	35	32
56	310	235	275	510	24	71	92 5	69	80.35	9 25 70.20	22	14	34	29
50	270	215	275	490	?	»	»	»	»	»	24	18	36	31
61	315	275	280	525	24	82	93	69	79.50	10 26 68 95	20	16	33	28
55	310	215	295	510	25	65	95	70	80.35	11 33 71.45	32	23	34	32
Moyenne.	304.9	231.6	278	509.6	28.5	69.6	97.4	69.3	77.6	14.5 31.5 61.5	25.9	19.2	35.6	30.4